FORSCHUNGSBERICHTE DES LANDES NORDRHEIN-WESTFALEN

Nr. 1141

Herausgegeben
im Auftrage des Ministerpräsidenten Dr. Franz Meyers
von Staatssekretär Professor Dr. h. c. Dr. E. h. Leo Brandt

DK 54.001.5:547.91:661.73

Prof. Dr. phil. Dr. rer. nat. h. c. Burckhardt Helferich

Chemisches Institut der Universität Bonn

Arbeiten auf dem Gebiet der Sulfonsäuren, insbesondere der ein- und mehrwertigen aliphatischen Sulfonsäuren

SPRINGER FACHMEDIEN WIESBADEN GMBH

ISBN 978-3-663-06175-5 ISBN 978-3-663-07088-7 (eBook)
DOI 10.1007/978-3-663-07088-7

Verlags-Nr. 011141

Ursprünglich erschienen bei Westdeutscher Verlag, Köln und Opladen 1963

Inhalt

Einführung

Sulfonsäuren, Verbindungen, in denen die —SO_3H-Gruppe an einem Kohlenstoff einer organischen Verbindung sitzt, spielen in der aromatischen Chemie schon seit vielen Jahrzehnten eine wichtige Rolle, auch in der chemischen Technik der Farbstoffe und der Pharmazeutika. Dagegen sind die aliphatischen Sulfonsäuren, insbesondere die mit zwei —SO_3H-Gruppen im Molekül, weniger untersucht. Die folgende Arbeit bringt zu diesem Thema einen Beitrag am Beispiel der Butan-1,4-disulfonsäure $HO_3S—(CH_2)_4—SO_3H$ und der Hexan-1,6-disulfonsäure $HO_3S—(CH_2)_6—SO_3H$. Außerdem werden einige Aminosulfonsäuren-$H_2N—(CH_2)_n—SO_3H$ beschrieben, die als Analoga der Aminocarbonsäuren, der Bausteine des Eiweiß, Interesse haben.
Noch weniger bekannt sind aliphatische Disulfinsäuren: $HO_2S—(CH_2)_n—SO_2H$, Reduktionsprodukte der Disulfonsäuren. Einige dieser sehr reaktionsfähigen Verbindungen sind in der vorliegenden Arbeit beschrieben.

A. Über aliphatische Disulfonsäure-dichloride

I. Darstellung aliphatischer Disulfonsäuredichloride

Die Darstellung aliphatischer Disulfosäurechloride erfolgt nach zwei verschiedenen Verfahren:

1. über die Natriumsalze der Disulfosäuren
2. über die Isothioharnstoffsalze

$NaSO_3—R—SO_3Na$

$$\begin{matrix} NH & & NH \\ \backslash\!\!\backslash & & /\!\!/ \\ & C—S—R—S—C & \\ / & & \backslash \\ NH_2 & & NH_2 \cdot 2\,HX \end{matrix} \qquad ClSO_2—R—SO_2Cl$$

Diese zum Teil bereits bekannten Verfahren wurden kritisch untersucht und Arbeitsweise sowie Dauer der einzelnen Stufen bestimmt. Für das Butandisulfochlorid wurde eine neue, in einem Gange ablaufende Darstellungsmethode direkt aus dem Diol über Isothioharnstoffsalze gefunden, die mit 90%iger Ausbeute arbeitet. Die Ausbeuten bei den anderenVerfahren belaufen sich auf ca. 50% des Grundausgangsmaterials Diol, die Zahl der Zwischenstufen beträgt 2–3.
Die Säurebromide der Butandisulfosäure und der Hexandisulfosäure wurden aus den entsprechenden Natriumsalzen durch Einwirkung von PBr_5 dargestellt.
Zur Darstellung der freien Säuren wurden die Disulfochloride verseift und so die rohen Säuren mit einem Gehalt von ca. 85% freier Säure erhalten. Der Rest ist Kristallwasser.
Die Silbersalze der Disulfosäuren lassen sich in guter Ausbeute aus den freien Säuren durch Neutralisation mit Silberkarbonat darstellen. Sie sind gut wasserlösliche, etwas lichtempfindliche Salze.
Zum Nachweis des freien Disulfosäure-ions wurden schwerlösliche Salze dargestellt, die Benzidin- und die Benzylthiuroniumsalze:

$$\begin{matrix} {}^{+}H_3N—C_6H_4—C_6H_4—NH_3{}^{+} \\ {}^{-}SO_3—R—SO_3{}^{-} \end{matrix}$$

Die Löslichkeit der Benzidinsalze ist auch in heißem Wasser gering, so daß diese sich gut zum qualitativen Nachweis des Disulfosäure-ions eignen. Dieser Nachweis wurde als »Benzidinprobe« bezeichnet.

II. Umsetzung von Disulfochloriden mit Alkoholen und Phenolen

Im Laufe dieser Arbeit wurden im wesentlichen die Umsetzungen der Disulfochloride mit alkoholischem und phenolischem Hydroxyl zur Darstellung von Estern untersucht.

Die bereits bekannte Darstellung von Disulfosäureestern durch Kondensation von Disulfochloriden mit Alkalialkoholat sollte durch Veresterung in tertiären Basen ersetzt werden. Dabei hat sich folgender grundlegender Unterschied zu den Monosulfochloriden herausgestellt:

Während bei Monosulfochloriden die Veresterung in Pyridin mit Ausbeuten zwischen 70–95% verläuft, beträgt diese bei Disulfochloriden nur günstigenfalls 15% bei einfachen Alkoholen, z. B. beim Butandisulfosäurediäthylester:

$$C_2H_5O\text{—}SO_2(CH_2)_4SO_2\text{—}OC_2H_5$$

Selbst bei Verwendung von 2,6-Lutidin oder sym. Collidin als tertiäre Basen, die wegen α-Substitution zum N sterische Hinderungen und damit Vermeidung einer quaternären Salzbildung bewirken, erhöhte sich die Ausbeute nur günstigenfalls auf 35%.

Die Veresterung in Pyridin ist immer von einer tiefen Verfärbung begleitet, es fällt ein dunkelrotes Produkt aus, das für die eigentliche Veresterungsreaktion nicht mehr in Frage kommt. Die tiefe Verfärbung wurde aus einer Aufspaltung des Pyridinringes gedeutet. Dieses Verhalten steht aber in völligem Gegensatz zu dem der Monosulfochloride, bei denen derartig tief gefärbte Produkte nicht gefunden wurden.

Die sonst mit viel Erfolg und unter den schonendsten Bedingungen (Arbeiten bei 0° C) verlaufende Veresterung von alkoholischen Hydroxylgruppen mit Säurechloriden in tertiären Basen führt bei den aliphatischen Disulfochloriden in nur unbefriedigender Ausbeute zum Ziel, in manchen Fällen bleibt sie sogar aus. Dies anomale Verhalten der aliphatischen Disulfochloride war zunächst nicht erwartet worden und hat auch bis jetzt noch keine befriedigende Deutung gefunden. Höchstwahrscheinlich spielen aber sterische Effekte an der Sulfonylgruppe sowie die Acidität des Hydroxylwasserstoffs eine Rolle.

Ebenso zeigen die Disulfosäureester in Pyridin ein von den Monosulfosäureestern unterschiedliches Verhalten. Während die Monosulfosäureester mit Pyridin nur in der Hitze quaternäre Salze bilden, diese Reaktion wurde bei 0°C völlig unterdrückt, bilden die Disulfosäureester auch bei 0°C in 90%iger Ausbeute quaternäre Salze:

$$\overset{+}{C_5H_5N(CH_3)} \qquad \overset{+}{(CH_3)NC_5H_5}$$
$$(SO_3\text{—}R\text{—}SO_3)_2^{2-}$$

Die Reaktion der Disulfochloride mit phenolischem Hydroxyl ist wieder völlig normal. Phenolester können in alkalischer Lösung in guter Ausbeute erhalten werden, wie dies an einigen Beispielen mit Chlorphenolen gezeigt wurde. Mit Oxyphenolen bilden die Disulfochloride, wegen der bifunktionellen Gruppen in beiden Substanzen, Polymere:

$$\left[\begin{array}{c} -SO_2-(CH_2)_6-SO_2- \\ -O-C_6H_4-O- \end{array}\right]_x$$

Die Spaltung der Phenolester erfolgt, wie üblich auch bei Monosulfosäurephenolestern, acylierend, d. h. in Phenol und freie Säure.
Ebenso reagiert die aromatische Aminogruppe in normaler Weise zu Sulfonamiden.
In wäßrigen tertiären Basen bilden die Disulfochloride disulfosaure Salze, eine Eigenschaft, die auch bei Monosulfochloriden bekannt ist. Diese Salze lassen sich auch aus den freien Säuren durch Reaktion mit Pyridin darstellen.

III. Umsetzung von Disulfochloriden mit β-substituierten Äthanolen

β-substituierte Derivate des Aethanols sind die Ausgangssubstanzen zur Darstellung des Trimethyläthanol-ammoniumhydroxyds (Cholins), einer pharmakologisch wichtigen Substanz. Derivate des Cholins haben in neuerer Zeit Interesse gefunden wegen ihrer curareartigen Wirkung.
β-Aminoäthanol gibt mit Disulfochloriden in guter Ausbeute Sulfonamide, da die Aminogruppe wesentlich schneller reagiert als die Hydroxylgruppe.
β-Halogenäthanole setzen sich mit Disulfochloriden in Collidin in guter Ausbeute um, wohl deshalb, weil das in β-Stellung befindliche Halogenatom das Hydroxylwasserstoffatom acidificiert, daß es leichter als Proton abgespalten wird.
Diese β-Halogenäthylester wurden mit Ammoniak und Trimethylamin umgesetzt, um auf diese Weise die gewünschten Cholinester zu erhalten.
Dabei hat sich herausgestellt, daß die SO_3—C—Bindung genau so schnell, wenn nicht noch schneller verseift als die Hal-C-Bindung. Aus diesem Grunde kann die Reaktion zu mehreren Produkten führen, deren Beständigkeit von der Reaktionstemperatur stark abhängt. So wurden in der Wärme, durch Aufspaltung sowohl der Ester als auch der Halogenbindung, Derivate des sym. Aethylendiamins erhalten:

$$\begin{array}{c} NH_3-R-NH_3 \\ \pm \qquad \pm \\ SO_3-R-SO_3 \end{array}$$

In der Kälte wurde als stabilstes Ion ein Betain gefunden, das durch partielle Reaktion an der Ester- und Halogenbindung entstanden ist:

$$+\ (CH_3)_3N-CH_2CH_2O-SO_2(CH_2)_6OSO_2O^-$$

Eine Veresterung des alkoholischen Hydroxyls in tertiären Basen beim Cholin selbst führte nur mit Mesylchlorid zum gesuchten Ester:

$$\begin{array}{l} (CH_3)_3N-CH_2CH_2O-SO_2CH_3 \\ \quad\ + \\ \quad Br^- \end{array}$$

Disulfochloride reagierten nicht mit Cholin. Auch in diesem Beispiel zeigt sich die große Verschiedenheit der Veresterungsreaktionen in tertiären Basen zwischen Mono- und Disulfochloriden.

B. Polykondensation von Disulfochloriden mit aliphatischen und aromatischen Diaminen

1. Durch Polykondensation von Disulfochloriden mit aliphatischen und aromatischen Diaminen in organischen Lösungsmitteln bzw. in heterogener Reaktion wurden Kondensate erhalten, aus denen sich meist lange, in der Kälte aber spröde Fäden ziehen ließen.
2. Quellbare Polykondensate aus Disulfochloriden mit aliphatischen Polyaminen wurden näher untersucht und zur Darstellung einheitlicher Produkte die optimalen Reaktionsbedingungen ermittelt.
3. Es wurden aliphatische Disulfohydrazide umgesetzt mit Carbonsäuremono- und Dichloriden, mit Sulfonsäuremono- und Dichloriden sowie mit Mono- und Diisocyanaten, wobei definierte niedermolekulare Produkte bzw. Polykondensate erhalten wurden. Aus den Schmelzen der Polykondensate ließen sich nur spröde Fäden ziehen.
4. Es wurden aliphatische Disulfonamide und Disulfonsäuren sowie eine aromatische Sulfosäure mit aliphatischen Diisocyanaten umgesetzt und die zu erwartenden nieder- und hochmolekularen Produkte erhalten. Aus den Schmelzen der Polykondensate ließen sich nur schwierig Fäden ziehen, die sehr spröde waren.
5. Es wurde die Verwendbarkeit von Disulfochloriden in Friedel-Kraftschen Reaktionen geprüft und ein Phenyl-1,4-disulfonbutan dargestellt.
6. Aliphatische α, ω-Disulfochloride ließen sich durch Destillation in guter Ausbeute in die entsprechenden α, ω-Dichloride überführen.
7. Aliphatische Disulfochloride wurden mit Kaliumfluorid in die entsprechenden Disulfo-fluoride überführt.
8. Es wurde die Verseifungsgeschwindigkeit aliphatischer Disulfofluoride, Disulfochloride und Disulfobromide in Wasser und Natronlauge bestimmt.
9. Es wurden eine Reihe Chlorierungsprodukte aliphatischer Mono- und Disulfochloride durch direkte Chlorierung in Tetrachlorkohlenstoff hergestellt. Es wurden so definierte niedrige und höhere Chlorierungsstufen erhalten, die teils als feste kristalline, teils als zersetzliche, viskose, ölige Substanzen vorlagen.
10. Chlorierte Mono- und Disulfochloride ließen sich leicht in ihre entsprechenden Sulfonamide überführen. Beim Umsatz chlorierter Mono- und Disulfochloride mit chlorierten Phenolen konnten eine Reihe von kristallinen Phenylestern dargestellt werden.
11. Durch Umsatz von Disulfochloriden mit Natriumsulfid und Kaliumsulfid konnten aliphatische Dithiosulfonate dargestellt werden, die sich leicht durch

Halogen in Poly-n-Alkyldisulfo-disulfide überführen ließen. Die erhaltenen hochmolekularen Körper zeigten interessante Eigenschaften. Auch ließen sich aliphatische Dithiosulfonate durch Schwefeldichlorid in eine Poly-alkyl-pentathionsäure überführen.

12. Aus Poly-n-Alkyldisulfo-disulfiden ließen sich durch Einwirkung organischer Basen Spaltsalze herstellen, die als schwach hygroskopische, leicht wasserlösliche Verbindungen erhalten werden.

C. 4-Aminobutan-1-Sulfonsäure und 6-Aminohexan-1-Sulfonsäure, Synthese von Amiden und Estern der beiden Aminosulfonsäuren, dimere Aminosulfonsäuren

1. Es wurde die 4-Aminobutansulfonsäure auf neuem Wege und die 6-Aminohexansulfonsäure neu dargestellt.
2. Die Eigenschaften dieser aliphatischen Aminosulfonsäuren sowie ihre Formoltitration wurden beschrieben.
3. Es wurde die Chromatographie dieser aliphatischen Aminosulfonsäuren beschrieben.
4. Es wurde eine Reihe von Salzen dieser Aminosulfonsäuren dargestellt.
   a) Die Na-Salze der unsubstituierten Säuren.
   b) An Hand von Leitfähigkeitsmessungen konnte gezeigt werden, daß sich die Na-Salze der 4-Aminobutansulfonsäure in wäßriger Lösung nur zu einem geringen Prozentsatz bilden, was durch eine Zwitterionenstruktur erklärt wird.
   c) Es wurden Salze der N-Carbobenzoxy-Aminosulfonsäuren dargestellt.
   d) Es wurden Salze der N-Phthalyl-Aminosulfonsäuren dargestellt.
   e) Salze mit Säuren und Komplexsalze konnten von diesen aliphatischen Aminosulfonsäuren nicht erhalten werden.
5. Es wurde das UV-Spektrum des Taurins, der 4-Aminobutansulfonsäure und der 6-Aminohexansulfonsäure aufgenommen.
6. Es wurden Versuche zur Fällung von Eiweiß mit aliphatischen Aminosulfonsäuren beschrieben, die nicht zum Erfolg führten.
7. Es wurden Versuche zur Darstellung eines Säurehalogenides der Aminosulfonsäuren mit freier Aminogruppe beschrieben, die nicht zum Erfolg führten.
8. Es wurden die salzsauren Salze des 4-Aminobutansulfonamides und des 6-Aminohexansulfonamides dargestellt, und zwar über N-Carbobenzoxyverbindungen und über N-Phthalylverbindungen.
9. Es wurde eine Zersetzung des N-Carbobenzoxy-4-Aminobutansulfochlorides beschrieben, die in der Endstufe zur 4-Aminobutansulfonsäure führt.
10. Es wurden Versuche zur Acetylierung der 4-Aminobutansulfonsäure und der 6-Aminohexansulfonsäure beschrieben, die nicht zum Erfolg führten.
11. Es wurden verschiedene Amide der 4-Aminobutansulfonsäure und der 6-Aminohexansulfonsäure, die am Amidstickstoff substituiert sind, dargestellt:
    a) Anilide.
    b) N-[4-Aminobutansulfuryl (1)]-Sulfanilamid.
    c) Das Piperidid der 6-Aminohexansulfonsäure (1).

d) N-[4-Aminobutansulfuryl (1)]-2-Aminopyridin.

e) Ein Umsatz mit Ephedrin, der allem Anschein nach zu einem N-[N-Phthalyl-6-Aminohexansulfuryl (1)]-Ephedrin geführt hat.

f) Das N-[N-Phthalyl-6-Aminohexansulfuryl (1)]-N-Aethyl-Benzylamin.

12. Es wurden die Phenolester der 4-Aminobutansulfonsäure und der 6-Aminohexansulfonsäure sowie der Thiophenolester der 4-Aminobutansulfonsäure, deren Aminogruppe durch die Phthalylgruppe geschützt ist, dargestellt. Versuche zur Darstellung eines Esters mit ungeschützter Aminogruppe gelangen nicht.

13. Es wurde das Hydrazid der N-Phthalyl-4-Aminobutansulfonsäure dargestellt. Bei Abspaltung der Phthalsäure trat Zersetzung ein.

14. Es wurden Versuche zur Darstellung von Anhydriden der untersuchten N-Carbobenzoxy-Aminosulfonsäuren mit Benzoesäure beschrieben, die zu Produkten führten, die die Eigenschaften von Anhydriden zeigten, wegen ihrer leichten Zersetzung aber nicht zur Analyse gebracht werden konnten. Anhydride zwischen zwei aliphatischen Aminosulfonsäuren mit geschützter Aminogruppe darzustellen, gelang nicht.

15. Es wurden dimere Produkte der aliphatischen Aminosulfonsäure über die N-Carbobenzoxy- und N-Phthalylverbindungen mit einer Sulfonamidbindung dargestellt und charakteriert.

D. Diamide von Butan-1,4-disulfonsäure und Hexan-1,6-disulfonsäure

1. Die Methode zur Darstellung von Butan-1,4-disulfonsäure-di-(2-amino-anilid) – direkte Kondensation von Butandisulfochlorid mit o-Phenylendiamin in Benzol – konnte durch ein Verfahren zur einfacheren Aufarbeitung und vollständigeren Abtrennung der als Nebenprodukt entstandenen polymeren Sulfonamide verbessert werden.
2. Hexan-1,6-disulfonsäure-di-(2-amino-anilid) wurde nach dem gleichen Verfahren – Kondensation von Hexandisulfochlorid mit o-Phenylendiamin in Benzol – hergestellt.
3. Es wurde beschrieben, daß Moleküle, die in o-Stellung zu einer primären Sulfonamidogruppe eine Aminogruppe besitzen, zu Ringschlußreaktionen sehr geneigt sind. So entstehen durch Einwirkung von salpetriger Säure auf Butan-1,4-disulfonsäure-di- und Hexan-1,6-disulfonsäure-di-(2-amino-anilid) momentan und sehr vollständig die Disulfonyl-benztriazole. Butan-1,4-disulfonsäure-di-(2-amino-anilid) reagiert mit Ameisen- und Essigsäure unter Bildung der Butandisulfonsauren Salze des Benzimidazols bzw. des 2-Methyl-benzimidazols. Es wird angenommen, daß intermediär die Disulfonyl-benzimidazole entstehen, die dann durch Einwirkung überschüssiger Säure verseift werden.
4. Die leichte Verseifbarkeit des Butan-1,4-disulfonylbenzimidazols konnte an einem auf anderem Wege dargestellten Präparat bewiesen werden. Außerdem wurde durch Vergleich der Disulfonamide primärer Amine mit den Disulfonamiden sekundärer Amine gezeigt, daß erstere bedeutend widerstandsfähiger gegenüber der saueren wie alkalischen Hydrolyse sind.
5. Die überaus schnelle und vollständige Reaktion des Butan-1,4-disulfonsäure-di-(2-amino-anilids) mit salpetriger Säure und die Schwerlöslichkeit des Reaktionsproduktes wurden als Grundlage für eine qualitative Analysenmethode zur Bestimmung von salpetriger Säure verwendet. Es wurden die Anwendung des Reagens, die Vorteile und Nachteile der Methode beschrieben.
6. Neben einer Verbesserung der Darstellungsmethode von Butan-1,4-disulfonsäure-di-(3-amino-anilid) durch Auffindung eines einfachen Verfahrens, um polymere Anteile vollständig abzutrennen, konnte durch Anwendung der direkten Kondensation in Benzol-Wasser-Emulsion bei Zimmertemperatur eine Ausbeutesteigerung erzielt werden. Zwei andere Darstellungsmethoden, Reduktion des Disulfonsäure-di-3-nitro-anilids mit wäßrig-alkoholischer NaHS-Lösung und Entacetylierung des Disulfonsäure-di-(3-acetamino-anilids) wurden entwickelt; bei beiden wurden sehr gute Ausbeuten erzielt. Das Butan-1,4-disulfonsäure-di-(3-nitro-anilid) und das di-(3-acetamino-

anilid) wurden durch Kondensation der entsprechenden Aniline mit Butandisulfochlorid nach verschiedenen Verfahren dargestellt.

7. Während das indirekte Verfahren zur Herstellung des Hexan-1,6-disulfonsäure-di-(3-amino-anilids) sehr hohe Ausbeuten ergab, wurde bei der direkten Kondensation in Benzol-Wasser-Emulsion in der Hauptsache polymeres Sulfonamid erhalten.

8. Die Anwendung von Butan-1,4-disulfonsäure-di-(3-amino-anilid) und besonders von (3-dimethylaminoanilid) als Kupplungskomponenten zur Herstellung von Azofarbstoffen wurde beschrieben. Einige Azofarbstoffe wurden hergestellt und ihre Eigenschaften und ihre Anwendbarkeit als Farbstoffe untersucht. Außer dem Verhalten und dem Färbevermögen, das dem normaler Azofarbstoffe entspricht, konnte eine darüber hinausgehende Affinität zu Kunstfasern und Kunststoffen, die Kohlenwasserstoffketten enthielten, nicht beobachtet werden.

9. Auch die durch Kuppelung von diazotierten Aminen mit Hexan-1,6-disulfonsäure-di-(3-amino-anilid) und (3-dimethylamino-anilid) erhaltenen Farbstoffe zeigten kein besseres Färbevermögen für Kohlenwasserstoffketten enthaltende Kunststoffe, obwohl sie längere Kohlenwasserstoffketten besitzen als die Farbstoffe der Butanreihe.

10. Die direkte Kondensation von Butandisulfochlorid mit p-Phenylendiamin in Benzol liefert fast nur polymere Sulfonamide. Es wurde ein einfaches Verfahren zur Darstellung von Butan-1,4-disulfonsäure-di-(4-amino-anilid) entwickelt, das auf der Kondensation von Butandisulfochlorid mit p-Phenylendiamin-mono-hydrochlorid beruht. Das p-Phenylendiamin-mono-hydrochlorid kann durch dosierte Zugabe von Kaliumbikarbonat zur Lösung von p-Phenylen-diamin-dihydrochlorid erhalten werden. Eine Polymerenbildung wird durch einseitige Salzbildung des p-Phenylendiamins weitgehend vermieden. Diese Methode ergibt jedoch beim Hexanderivat bedeutend mehr Polykendensat, das isoliert und untersucht wurde. Aus den Eigenschaften und den Analysendaten geht hervor, daß die Kettenlängen der Polykonsate nicht sehr groß sind.

11. Sehr hohe Ausbeuten an Butan-1,4- und Hexan-1,6-disulfonsäure-di-(4-amino-anilid) wurden durch Entacetylierung des Butan-1,4- und des Hexan-1,6-disulfonsäure-di-(4-acetamino-anilids) und durch Reduktion des Butan-1,4-disulfonsäure-di-(4-nitro-anilids) erhalten. Die Acetamino-anilide und das 4-Nitro-anilid wurden aud verschiedenen Wegen dargestellt.

12. Butan-1,4- und Hexan-1,6-disulfonsäure-di-(4-amino-anilid) lassen sich diazotieren und ergeben mit Kuppelungskomponenten Farbstoffe. Es wurden einige Farbstoffe hergestellt und geprüft. Außer dem normalen Verhalten der Azofarbstoffe wurde eine Wirkung der Kohlenwasserstoffkette im Farbstoffmolekül in bezug auf besseres Aufziehen auf Kunstfasern, die Kohlenwasserstoffketten enthalten, nicht festgestellt.

13. Die freien Aminogruppen aller isomeren Disulfonsäure-di-(amino-anilide) können tosyliert werden. Eine Hinderung für den Eintritt einer zweiten

Sulfonylgruppe konnte nicht beobachtet werden. Es wurde gezeigt, daß die unterschiedliche Bildung von monomeren und polymeren Kondensaten bei den verschiedenen Methoden und den drei isomeren Phenylendiaminen im wesentlichen durch drei Faktoren bedingt ist: Löslichkeit der Kondensate im Kondensationsmedium, Basenstärke der isomeren Phenylendiamine und der Aminogruppen der Aminoanilide, Wechsel der Mengenverhältnisse der Ausgangsprodukte.

14. Durch Tosylierung von Butan-1,4-disulfonsäure-di-(4-aminoanilid) wurde Butan-1,4-disulfonsäure-di-[4-(p-toluolsulfonamido)-anilid] und durch Behandlung mit Acetylsulfanilsäurechlorid Butan-1,4-disulfonsäure-di-[4-(p-acetaminobenzolsulfonamido)-anilid] erhalten; beides Präparate mit hohem Molekulargewicht und großer Kettenlänge, die sich durch Oxydation mit Bleitetraacetat in stabile Chinondiimide überfuhren ließen. Hiervon ausgehend wurde versucht, auf der Basis von Butan-1,4-disulfonsäure-di-(4-amino-anilid) wasserlösliche Chinondisulfamide darzustellen. Alle Versuche blieben ohne Erfolg.

15. Durch Entacetylierung von Butan-1,4-disulfonsäure-di-[4-(p-acetaminobenzolsulfonamido)-anilid] wurde eine Verbindung hergestellt, die zwei Sulfanilamidreste im Molekül enthält. Ihre Aminogruppen können mit Sulfochloriden noch weiter unter Bildung sehr großer und langer Moleküle reagieren.

16. Zur Darstellung einseitig kondensierter Disulfonsäuren wurden 4-Brom- und 4-Chlorbutansulfochlorid und 6-Chlorhexan-sulfochlorid auf verschiedenen Wegen dargestellt. Die Sulfochloride sind hochsiedende Öle, die oberhalb bestimmter Temperaturen unter Abspaltung von SO_2 in die Alkandihalogenide übergehen.

17. 4-Chlorbutan- und 6-Chlorhexansulfochlorid kondensierten mit p-Amino-acetanilid glatt zu den Chlorbutan- und Chlorhexan-sulfonsäure-(p-acetamino-aniliden). Bei der Reaktion von p-Amino-acetanilid mit 4-Brombutansulfochlorid wurde 4-(p-Acetaminophenylamino)-butansulfonsäure-(4-acetamino-anilid) erhalten.

18. Während beim Erhitzen von 6-Chlorhexansulfonsäure-(p-acetamino-anilid) mit waßriger Natriumsulfitlösung Hexan-1,6-disulfonsäure-mono-(p-acetamino-anilid) bzw. (p-amino-anilid) in guter Ausbeute erhalten wurde, lieferte die gleiche Reaktion mit 4-Chlorbutansulfonsäure-(p-acetamino-anilid) sehr wenig Butan-1,4-disulfonsäure-mono-(p-amino-anilid).

19. Die Mono-(p-amino-anilide) der Disulfonsäuren besitzen den Charakter von Aminosulfonsäuren. Sie haben keinen Schmelzpunkt, sondern zersetzen sich bei hohen Temperaturen. Ihre Aminogruppen bilden keine Salze mit Säuren, lassen sich aber diazotieren und tosylieren.

20. Durch Tosylierung von Butan-1,4-disulfonsäure-mono-(p-amino-anilid) wurde Butan-1,4-disulfonsäure-mono-[(p-toluolsulfonamido)-anilid] erhalten. Die Oxydation dieses Präparates mit Bleitetraacetat in Essigsäure ergab das ge-

mischte Bleisalz der Essigsäure und des Butan-1,4-disulfonsäure-mono-[(p-toluolsulfonamido)-(1,4)-chinonimid]. Hieraus konnten durch Ausfällung des Bleis mit Sulfationen zwar Lösungen des wasserlöslichen Chinondisulfonamids erhalten werden, aber nicht die kristallisierte Verbindung. In allen Fällen fand beim Versuch der Isolierung Zersetzung statt.

E. Aliphatische Disulfinsäuren

1. Aliphatische Disulfinsäuren lassen sich durch Reduktion der entsprechenden Disulfochloride darstellen. Als Reduktionsmittel hat sich Zinkstaub bewährt. Es wurden die n-Propan(1,3)disulfinsäure, n-Butan(1,4)disulfinsäure, n-Pentan(1,5)disulfinsäure und n-Hexan(1,6)disulfinsäure sowie einige Salze dieser Säuren neu dargestellt und untersucht.
2. Mit Thionylchlorid erhält man aus den aliphatischen Disulfinsäuren die sehr reaktionsfähigen Disulfinsäurechloride.
3. Mit Aminen kondensieren sich die aliphatischen Disulfinsäurechloride zu Disulfinsäureamiden.
   Beim Erhitzen der Ammonium- bzw. Anilinsalze aliphatischer Disulfinsäuren entstehen intermediär unter Wasserabspaltung die Amide bzw. Anilide, die sich jedoch unter diesen Bedingungen weiterzersetzen, so daß diese Methode keine präparative Bedeutung hat.
4. Alkylester der aliphatischen Disulfinsäuren lassen sich durch Kondensation der Disulfinsäurechloride mit Alkoholen darstellen. Die Ester sind auch aus disulfinsaurem Natrium und Chlorameisensäure-alkylestern zugänglich.
5. Aus den Natrium- bzw. Kaliumsalzen aliphatischer Disulfinsäuren erhält man mit Alkylhalogeniden Bis-(alkylsulfone).
6. Aliphatische Disulfinsäuren reagieren mit Di- bzw. Triphenylcarbinol unter Bildung von Bis-(diphenyl-methylsulfonen) bzw. Bis-(triphenylmethylsulfonen).
7. Mit Nitrostilben bilden aliphatische Disulfinsäuren Bis-(1-phenyl-2-nitroäthylsulfone), mit Chinon Bis-(p-dioxybenzolsulfon).
8. Durch Kondensation von aliphatischen Disulfinsäuren mit salpetriger Säure wurden Poly-n-alkyl-disulfonylhydroxylamine dargestellt.
9. Es wurden einige Alkan-dithiosulfosaure Salze aus den entsprechenden alkyldisulfinsauren Salzen und Schwefel dargestellt.
10. Aus Alkan-dithiosulfosaurem Natrium wurden durch Umsatz mit Alkylhalogeniden Alkyl-dithiosulfosäure-alkylester erhalten.
11. Alkan-dithiosulfosäuren bilden mit salpetriger Säure hochmolekulare Polykondensate.

Prof. Dr. phil. Dr. rer. nat. h.c. Burckhardt Helferich

Literaturverzeichnis

WILLICKS, W., Dissertation, Universität Bonn 1954.
OTTEN, G., Dissertation, Universitat Bonn 1954.
MILDENBERG, R., Dissertation, Bonn 1954.
KLEB, K. G., Dissertation, Bonn 1955.
BRAUNS, H.-A., Dissertation, Bonn 1955.

FORSCHUNGSBERICHTE DES LANDES NORDRHEIN-WESTFALEN

Herausgegeben im Auftrage des Ministerpräsidenten Dr. Franz Meyers von Staatssekretär Prof. Dr. h. c. Dr.-Ing. E. h. Leo Brandt

CHEMIE

HEFT 2
Prof. Dr. W. Fuchs †, Aachen
Untersuchungen uber absatzfreie Teerole
1952, 32 Seiten, 5 Abb., 6 Tabellen, DM 10,—

HEFT 6
Prof. Dr. W. Fuchs †, Aachen
Untersuchungen uber die Zusammensetzung und Verwendbarkeit von Schwelteerfraktionen
1952, 36 Seiten, DM 10,50

HEFT 7
Prof. Dr. W. Fuchs †, Aachen
Untersuchungen uber emslandisches Petrolatum
1952, 36 Seiten, 1 Abb., 17 Tabellen, DM 10,50

HEFT 16
Max-Planck-Institut fur Kohlenforschung, Mulheim a. d. Ruhr
Arbeiten des MPI fur Kohlenforschung
1953, 104 Seiten, 9 Abb., DM 17,80

HEFT 25
Gesellschaft fur Kohlentechnik mbH, Dortmund-Eving
Struktur der Steinkohlen und Steinkohlen-Kokse
1953, 58 Seiten, DM 11,—

HEFT 30
Gesellschaft fur Kohlentechnik mbH, Dortmund-Eving
Kombinierte Entaschung und Verschwelung von Steinkohle; Aufarbeitung von Steinkohlenschlammen zu verkokbarer oder verschwelbarer Kohle
1953, 56 Seiten, 16 Abb., 10 Tabellen, DM 10,50

HEFT 36
Forschungsinstitut der Feuerfest-Industrie, Bonn
Untersuchungen uber die Trocknung von Rohton, Untersuchungen uber die technische Reinigung von Silika- und Schamotte-Rohstoffen mit chlorhaltigen Gasen
1953, 60 Seiten, 5 Abb., 5 Tabellen, DM 11,—

HEFT 42
Prof. Dr. B. Helferich, Bonn
Untersuchungen uber Wirkstoffe — Fermente — in der Kartoffel und die Moglichkeit ihrer Verwendung
1953, 58 Seiten, 9 Abb., DM 11,—

HEFT 46
Prof. Dr. W. Fuchs †, Aachen
Untersuchungen uber die Aufbereitung von Wasser fur die Dampferzeugung in Benson-Kesseln
1953, 58 Seiten, 18 Abb., 9 Tabellen, DM 11,20

HEFT 55
Forschungsgesellschaft Blechverarbeitung e. V., Düsseldorf
Chemisches Glanzen von Messing und Neusilber
1954, 50 Seiten, 21 Abb., 1 Tabelle, DM 10,20

HEFT 57
Prof. Dr.-Ing. F. A. F. Schmidt, Aachen
Untersuchungen zur Erforschung des Einflusses des chemischen Aufbaues des Kraftstoffes auf sein Verhalten im Motor und in Brennkammern von Gasturbinen
1954, 70 Seiten, 32 Abb., DM 14,60

HEFT 58
Gesellschaft fur Kohlentechnik mbH, Dortmund-Eving
Herstellung und Untersuchung von Steinkohlenschwelteer
1954, 74 Seiten, 9 Abb., 9 Tabellen, DM 13,75

HEFT 59
Forschungsinstitut der Feuerfest-Industrie e. V., Bonn
Ein Schnellanalysenverfahren zur Bestimmung von Aluminiumoxyd, Eisenoxyd und Titanoxyd in feuerfestem Material mittels organischer Farbreagenzien auf photometrischem Wege
Untersuchungen des Alkali-Gehaltes feuerfester Stoffe mit dem Flammenphotometer nach Riehm-Lange
1954, 52 Seiten, 12 Abb., 3 Tabellen, DM 11,60

HEFT 67
Heinrich Wosthoff oHG, Apparatebau, Bochum
Entwicklung einer chemisch-physikalischen Apparatur zur Bestimmung kleinster Kohlenoxyd-Konzentrationen
1954, 94 Seiten, 48 Abb., 2 Tabellen, DM 18,25

HEFT 87
Gemeinschaftsausschuß Verzinken, Düsseldorf
Untersuchungen uber Gute von Verzinkungen
1954, 68 Seiten, 56 Abb., 3 Tabellen, DM 15,30

HEFT 88
Gesellschaft fur Kohlentechnik mbH, Dortmund-Eving
Oxydation von Steinkohle mit Salpetersaure
Vergriffen

HEFT 108
Prof. Dr. W. Fuchs †, Aachen
Untersuchungen uber neue Beizmethoden und Beizabwasser
I. Die Entzunderung von Drahten mit Natriumhydrid
II. Die Aufbereitung von Beizabwassern
1955, 82 Seiten, 15 Abb., 14 Tabellen, 1 Falttafel DM 15,25

HEFT 121
Dr. H. Krebs, Bonn
I. Die Struktur und die Eigenschaften der Halbmetalle
II. Die Bestimmung der Atomverteilung in amorphen Substanzen
III. Die chemische Bindung in anorganischen Festkorpern und das Entstehen metallischer Eigenschaften
1955, 124 Seiten, 36 Abb., 13 Tabellen, DM 22,90

HEFT 128
Prof. Dr. O. Schmitz-DuMont, Bonn
Untersuchungen uber Reaktionen in flussigem Ammoniak
1955, 96 Seiten, 11 Abb., 6 Tabellen, DM 17,75

HEFT 132
Prof. Dr. W. Seith, Munster
Über Diffusionserscheinungen in festen Metallen
1955, 42 Seiten, 19 Abb., 4 Tabellen, DM 9,10

HEFT 133
Prof. Dr. E. Jenckel, Aachen
Über einen fur Schwermetalle selektiven Ionenaustauscher
1955, 48 Seiten, 8 Abb., 13 Tabellen, DM 9,50

HEFT 134
Prof. Dr.-Ing. H. Winterhager, Aachen
Über die elektrochemischen Grundlagen der Schmelzfluß-Elektrolyse von Bleisulfid in geschmolzenen Mischungen mit Bleichlorid
1955, 54 Seiten, 20 Abb., 5 Tabellen, DM 11,80

HEFT 139
Prof. Dr. W. Fuchs †, Aachen
Studien uber die thermische Zersetzung der Kohle und die Kohlendestillatprodukte
1955, 64 Seiten, 20 Abb., 22 Tabellen, DM 11,80

HEFT 141
Dr. J. van Calker und Dr. R. Wienecke, Munster
Untersuchungen uber den Einfluß dritter Analysenpartner auf die spektrochemische Analyse
1955, 42 Seiten, 15 Abb., DM 9,10

HEFT 149
Dr.-Ing. K. Konopicky und Dipl.-Chem. P. Kampa, Bonn
I. Beitrag zur flammenphotometrischen Bestimmung des Calciums
Dr.-Ing. K. Konopicky, Bonn
II. Die Wanderung von Schlackenbestandteilen in feuerfesten Baustoffen
1955, 54 Seiten, 10 Abb., 5 Tabellen, DM 11,—

HEFT 160
Prof. Dr. W. Klemm, Munster
Über neue Sauerstoff- und Fluor-haltige Komplexe
1955, 50 Seiten, 13 Abb., 7 Tabellen, DM 10,80

HEFT 166
Prof. Dr. M. v. Stackelberg, Dr. H. Heindze, Dr. H. Hubschke und Dr. K. H. Frangen, Bonn
Kolloidchemische Untersuchungen
1955, 106 Seiten, 8 Abb., 13 Tabellen, DM 21,25

HEFT 169
Forschungsinstitut fur Pigmente und Lacke, Stuttgart
Arbeiten uber die Bestimmung des Gebrauchswertes von Lackfilmen durch physikalische Prufungen
1955, 70 Seiten, 23 Abb., 4 Tabellen, DM 15,—

HEFT 178
Prof. Dr. M. v. Stackelberg und Dr. W. Hans, Bonn
Untersuchungen zur Ausarbeitung und Verbesserung von polarographischen Analysenmethoden
1955, 46 Seiten, 14 Abb., DM 10,50

HEFT 190
Prof. Dr. A. Neuhaus, Prof. Dr. O. Schmitz-DuMont und Dipl.-Chem. H. Reckhard, Bonn
Zur Kenntnis der Alkalititanate
1955, 60 Seiten, 13 Abb., 1 Tabelle, DM 12,20

HEFT 193
Prof. Dr. O. Schmitz-DuMont, Bonn
Untersuchungen uber neue Pigmentfarbstoffe
1956, 50 Seiten, 16 Abb., 8 Tabellen, DM 11,20

HEFT 205
Dr. C. Schaarwächter, Dusseldorf
Über plastische Kupfer-Eisen-Phosphor-Legierungen
1956, 36 Seiten, 10 Abb., 10 Tabellen, DM 8,30

HEFT 219
Prof. Dr. W. Fuchs †, Aachen
Untersuchungen zur Holzabfallverwertung und zur Chemie des Lignins
1955, 54 Seiten, 11 Abb., 15 Tabellen, DM 11,40

HEFT 220
Prof. Dr. W. Fuchs †, Aachen
Die Entwicklung neuer Regel- und Kontroll-Apparate zur coulometrischen Analyse
1956, 76 Seiten, 17 Abb., 23 Tabellen, DM 15,50

HEFT 228
Prof. Dr. F. Wever, Dr. W. Koch, Dusseldorf, und Dr. B. A. Steinkopf, Dortmund
Spektrochemische Grundlagen der Analyse von Gemischen aus Kohlenmonoxyd, Wasserstoff und Stickstoff
1956, 42 Seiten, 18 Abb., 1 Tabelle, DM 9,90

HEFT 229
Prof. Dr. F. Wever, Dr. W. Koch und Dr.-Ing. H. Malissa, Dusseldorf
Über die Anwendung disubstituierter Dithiocarbamate der analytischen Chemie
1956, 44 Seiten, 30 Abb., 5 Tabellen, DM 10,50

HEFT 270
Prof. Dr. rer. nat. H. Krebs, Dipl.-Chem. Dr. rer. nat. J. Diewald, Dipl.-Chem. Dr. rer. nat. R. Rasche und Dipl.-Chem. Dr. rer. nat. J. A. Wagner, Bonn
Die Trennung von Racematen auf chromatographischem Wege
1956, 62 Seiten, 18 Tabellen, DM 12,95

HEFT 282
Bergrat a. D. F. Scherer, Bochum
Das B. T.-Schwelverfahren und seine Anwendung auf der Anlage Marienau
1956, 44 Seiten, 7 Abb., DM 9,60

HEFT 287
Prof. Dr.-Ing. habil. K. Krekeler, Aachen
Änderungen der mechanischen Eigenschaftswerte thermoplastischer Kunststoffe bei Beanspruchung in verschiedenen Medien
1956, 62 Seiten, 23 Abb., 5 Tabellen, DM 13,70

HEFT 297
Dr. phil. C. Schaarwachter und Dr. rer. nat. W. Schaarwachter, Dusseldorf
Die Reduktion von Siliziumtetrachlorid im Lichtbogen zur nachfolgenden Silizierung von Eisenblechen
1958, 22 Seiten, 12 Abb., 1 Tabelle, DM 8,20

HEFT 303
Prof. Dr.-Ing. S. Kiesskalt, Aachen
Das Institut der Forschungsgesellschaft Verfahrenstechnik e. V. an der Technischen Hochschule Aachen
1956, 76 Seiten, 20 Abb., 3 Tabellen, DM 16,50

HEFT 309
Prof. Dr. K. Cruse, Dipl.-Phys. B. Ricke und Dipl.-Phys. R. Huber, Clausthal-Zellerfeld
Aufbau und Arbeitsweise eines universell verwendbaren Hochfrequenz-Titrationsgerates
1957, 48 Seiten, 29 Abb., DM 11,90

HEFT 321
Prof. Dr. F. Wever, Dusseldorf, und Dr. W. Wepner, Koln
Gleichzeitige Bestimmung kleiner Kohlenstoff- und Stickstoffgehalte im α-Eisen durch Dampfungsmessung
1956, 30 Seiten, 3 Abb., 4 Tabellen, DM 6,80

HEFT 327
Prof. Dr.-Ing. habil. K. Krekeler und Dr.-Ing. H. Peukert, Aachen
Beitrag zur thermoelastischen Formbarkeit von Polyathylen
1956, 56 Seiten, 49 Abb., 9 Tabellen, DM 12,80

HEFT 367
Dr. rer. nat. D. Horstmann, Dusseldorf
Der Angriff eisengesattigter Zinkschmelzen auf kohlenstoff-, schwefel- und phosphorhaltiges Eisen
1957, 52 Seiten, 22 Abb., 6 Tabellen, DM 12,85

HEFT 372
Prof. Dr. phil. M. v. Stackelberg, Bonn
Untersuchungen zur Ausarbeitung und Verbesserung von polarographischen Analysenmethoden 2. Bericht
1957, 44 Seiten, 9 Abb., 7 Tabellen, DM 10,15

HEFT 400
Prof. Dr. phil. W. Fuchs † und Dr. rer. nat. H. Weyerstrass, Aachen
Entwicklung eines Heißfilters zur Reinigung von Gichtgas eines mit Kohle betriebenen Niederschachtofens
1958, 88 Seiten, 30 Abb., DM 20,20

HEFT 401
Prof. Dr.-Ing. M. Lipp und Dipl.-Chem. G. Frielingsdorf, Aachen
Darstellung reaktionsfahiger Verbindungen des Camphansystems und Versuche zu deren Fluorierung
1957, 84 Seiten, DM 17,—

HEFT 406
W. Kirsch, Chemieprodukte GmbH, Leverkusen-Rheindorf
Entwicklungsarbeiten auf dem Gebiet des Korrosionsschutzes und der Abdichtung
1957, 76 Seiten, 28 Abb., 11 Tabellen, DM 19,—

HEFT 409
Prof. Dr. phil. F. Wever, Dr. phil. W. Koch, Dr. rer. nat. Ch. Ilschner-Gensch und Dipl.-Phys. H. Rohde, Düsseldorf
Das Auftreten eines kubischen Nitrids in aluminiumlegierten Stahlen
1957, 38 Seiten, 12 Abb., 3 Tabellen, DM 10,10

HEFT 463
Dipl.-Ing. G. Plüss, Essen-Steele
Die Aufteilung der verbrennlichen Bestandteile in Verbrennungsgasen auf CO und H_2 bei Verbrennung mit Luftunterschuß und bei Luftuberschuß und kunstlicher Flammenkuhlung
1957, 34 Seiten, 7 Abb., 2 Tabellen, DM 8,40

HEFT 485
Prof. Dr. phil. E. Jenckel, Aachen, Dr. H. Wilsing, Dormagen, Dr. H. Dörffurt, Wesseling (Bez. Koln), und Dipl.-Phys. H. Rinkens, Eschweiler
Kristallisation der Hochpolymeren
1958, 50 Seiten, 20 Abb., DM 15,70

HEFT 491
Prof. Dr. Fr. Lotze, Munster, und K. Kotter, Essen
Chloridgehalte des oberen Emsgebietes und ihre Beziehungen zur Hydrogeologie
1958, 194 Seiten, 37 Abb., 17 Tabellen, DM 50,80

HEFT 495
Prof. Dr. phil. Dipl.-Ing. E. Asmus und Dr. rer. nat. H.-F. Kurandt, Berlin
Einige analytische Anwendungen der Zincke-Konigschen Reaktion
1958, 34 Seiten, 14 Abb., 7 Tabellen, DM 11,45

HEFT 503
Dr. rer. nat. J. Faßbender, Bonn
Untersuchungen uber die Eigenschaften von Cadmiumsulfid-Sandwich-Zellen
1957, 36 Seiten, 8 Abb., DM 8,80

HEFT 515
Prof. Dr. phil. habil. H. E. Schwiete und Dr.-Ing. Chr. Hummel, Aachen
Thermochemische Untersuchungen im System SiO_2 und $Na_2O—SiO_2$
1958, 110 Seiten, 29 Abb., 28 Tabellen, DM 28,—

HEFT 525
Prof. Dr. Dr. h. c. H. P. Kaufmann und Dr. F. Weghorst, Munster
Beitrage zur Chemie und Technologie der Fetthartung I
1958, 106 Seiten, 26 Abb., 14 Tabellen, DM 26,80

HEFT 540
Prof. Dr. rer. nat. H. Krebs, Bonn
Die katalytische Aktivierung des Schwefels
1958, 64 Seiten, 9 Abb., 4 Tabellen, DM 18,30

HEFT 541
Prof. Dr. O. Schmitz-DuMont, Bonn
Reaktionen in flussigem Ammoniak zur Gewinnung von 1. Titanylamid, 2. Oxykobalt (III)-amiden, 3. Ammonobasischen Kobalt (III)-benzylaten
1958, 56 Seiten, 11 Abb., DM 16,80

HEFT 568
Prof. Dr. Dr. h. c. Dr. E. h. Alder†, Dipl.-Chem. M. Dollhausen und Dipl.-Chem. M. Fremery, Koln
Über einige neue Reaktionen des Indens
1958, 64 Seiten, 14 Abb., DM 19,50

HEFT 575
Prof. Dr. phil. habil. C. Kroger, Aachen
Verkokungsverhalten der Steinkohlenmacerale und ihrer Mischungen
1958, 58 Seiten, 18 Abb., 19 Tabellen, DM 18,70

HEFT 576
Prof. Dr. F. Micheel und Dr. H. G. Bussmann, Munster
Untersuchung synthetischer Kohlenhydrat-Eiweißverbindungen mit der Ultracentrifuge bei der Elektrophorese
1958, 146 Seiten, 63 Abb., 13 Tabellen, DM 37,10

HEFT 580
Prof. Dr.-Ing. A. Gotte und Dr.-Ing. G. Scholz, Aachen
Unterstutzung der Entwasserung von Feinkohle durch chemische Hilfsmittel
1958, 246 Seiten, 28 Abb., zahlr. Tabellen, DM 52,50

HEFT 589
Prof. Dr. phil. habil. C. Kroger, Aachen
Warmebedarf der Silikatglasbildung
1958, 66 Seiten, 5 Abb., 28 Tabellen, DM 18,70

HEFT 645
Dr.-Ing. W. Kleinlein, Aachen
Das Fließverhalten dispers-plastischer Massen im Walzspalt
1958, 56 Seiten, 24 Abb., 1 Tabelle, DM 15,—

HEFT 653
Prof. Dr. K. Hamann und Dr. W. Funke, Stuttgart
Die Schutzwirkung organischer Inhibitoren in waßriger Losung gegenuber Eisen
1958, 72 Seiten, 31 Abb., DM 18,70

HEFT 656
Prof. Dr. E. Jenckel und Dr. H. Huhn, Aachen
Das Verkleben von Aluminium mit carboxylsubstituierten Polystyrolen
1958, 42 Seiten, 16 Abb., 3 Tabellen, DM 11,60

HEFT 666
Prof. Dr.-Ing. K. Krekeler, Dr.-Ing H. Peukert und Dipl.-Ing. B. Frerichmann, Aachen
Die Infraroterwarmung an thermoplastischen Kunststoffen
1959, 82 Seiten, 77 Abb., 5 Tabellen, DM 22,60

HEFT 685
Prof. Dr. A. Dietzel, Prof. Dr. H. Jagodzinski und Dr. H. Scholze, Wurzburg
Untersuchungen an technischem Siliziumcarbid
1959, 42 Seiten, 5 Abb., 9 Tabellen, DM 11,60

HEFT 704
Prof. Dr. phil. W. Koch, Dusseldorf, Dr. rer. nat. Chr. Ilschner-Gensch, Essen, und Dr. rer. nat. A. Khan, Bangalore (Indien)
Das Verhalten des Phosphors bei der Isolierung
1958, 28 Seiten, 17 Abb., 5 Tabellen, DM 8,90

HEFT 709
Doz. Dr. K.-D. Gundermann unter Mitarbeit von Dr. R. Thomas, Dipl.-Chem. G. Holtmann, Dipl.-Chem. R. Huchting und Dipl.-Chem. H. Rose, Münster (Westf.)
Synthesen mit ε-Chlor-acrylsaure-Derivaten
1959, 82 Seiten, 7 Abb., 11 Tabellen, DM 20,50

HEFT 710
Prof. Dr. phil. M. v. Stackelberg, Bonn
Untersuchungen zum Stoffwechsel der Augenlinse
1959, 40 Seiten, 10 Abb., DM 11,50

HEFT 711
Dr.-Ing. K. Alberti, Koln
Einfluß der chemischen Zusammensetzung des Anmachewassers auf die Festigkeit von Kalkmorteln
1959, 50 Seiten, 4 Abb., 20 Tabellen, DM 13,10

HEFT 727
Prof. Dr. phil. habil. C. Kroger, Aachen
Eigenschaften und chemische Konstitution der Steinkohlenmacerale
1959, 60 Seiten, 27 Abb., 16 Tabellen, DM 16,20

HEFT 780
Prof. Dr. phil. F. Wever, Dusseldorf
Untersuchungen von Walzolen und Walzolemulsionen im Kaltwalzversuch
1959, 68 Seiten, 28 Abb., mehr. Tabellen, DM 18,50

HEFT 807
Dipl.-Chem. K.-H. M. Tillwich, Aachen
Darstellung fluorierter Camphanverbindungen
1960, 51 Seiten, 6 Abb., DM 15,—

HEFT 821
Dr. rer. nat. H. Berge und Dr. rer. nat. H. Dahmen, Agrikulturchemisches Institut Heiligenhaus
Die Anwendungsmoglichkeiten der chemischen Luft- und Pflanzenanalyse zur Beurteilung industrieller Immissionen
1959, 58 Seiten, 19 Abb., DM 16,40

HEFT 843
Dipl.-Chem. W. Schmidt, Dipl.-Chem. E. Kohler und Dipl.-Ing. W. Schmidt
Flammenspektrometrische Alkalibestimmung im Korund
1960, 13 Seiten, 2 Abb., 1 Tabelle, DM 5,50

HEFT 858
Baudirektor W. Triebel, Viersen, und Dipl.-Ing. R. Nowak, Frankfurt a. M.
Herstellung von Schmelzphosphat-Dunger bei hygienischer Aufbereitung und Vernichtung von Stadtmull
1960, 40 Seiten, 4 Abb., 12 Tabellen, DM 11,50

HEFT 863
Prof. Dr. habil. C. Kroger, Aachen
Das elektrische und Warme-Leitvermogen von Glasmengen und Glasschmelzen
1960, 59 Seiten, 39 Abb., 12 Tabellen, DM 17,80

HEFT 866
Prof. Dr. F. Micheel und Dr. W. Heinemann, Munster (Westf.)
Eine neuartige Apparatur zur Hochspannungs-Papierelektrophorese
1960, 15 Seiten, 13 Abb., DM 6,70

HEFT 880
Prof. Dr. K. H. Hellwege und Dr. W. Knappe, Darmstadt
Die Festigkeit thermoplastischer Kunststoffe in Abhangigkeit von den Verarbeitungsbedingungen
1960, 63 Seiten, 30 Abb., 8 Tabellen, DM 18,90

HEFT 884
Dr. H. van Haut und Dr. H. Stratmann, Essen-Bredeney
Experimentelle Untersuchungen uber die Wirkung von Schwefeldioxyd auf die Vegetation
1960, 64 Seiten, 27 Abb., 1 Tabelle, DM 18,80

HEFT 932
Prof. Dr. E. Jenckel † und Dr. A. Nogaj, Dormagen, Bayerwerk
Die anomale Diffusion in dem System Polystyrol-Toluol
1961, 42 Seiten, 27 Abb., 3 Tabellen, DM 13,50

HEFT 999
Prof. Dr. F. Lotze u. a., Geologisch-Palaontologisches Institut der Universitat Munster (Westf.)
Hydrogeologie des Westteils der Ibbenburener Karbonscholle
1962, 114 Seiten, 45 Abb., 8 Tab., DM 36,90

HEFT 1001
Dipl.-Phys. Dr. rer. nat. G. Langner, Institut fur Elektronenmikroskopie an der Medizin. Akademie Dusseldorf
Die Informationsubertragung bei der Mikroskopie mit Rontgenstrahlen
1961, 126 Seiten, 7 Abb., DM 37,—

HEFT 1046
Dr. R. Haug, Forschungsinstitut fur Pigmente und Lacke e.V., Stuttgart
Die Bestimmung des Agglomerationszustandes von trockenen und dispergierten Pigmenten und dessen Zusammenhang mit anwendungstechnischen Eigenschaften
1961, 50 Seiten, 13 Abb., 19 Tab., DM 17,60

HEFT 1051
Dipl.-Ing. A. Puck, cand. ing. H. Bossel und cand. ing. W. Heil, Deutsches Kunststoff-Institut Darmstadt
Festigkeit und Steifigkeit von Papierwaben bei Druck- und Schubbeanspruchung
1962, 74 Seiten, 33 Abb., 3 Tab., DM 24,80

HEFT 1085
Prof. Dr. phil. habil. Carl Kroger, Dr. rer. nat. Heinz Meier zu Kocker und Dipl.-Chem. Richard Meltzow, Institut fur Brennstoffchemie der Technischen Hochschule Aachen
Untersuchung des Einflusses physikalischer und chemischer Faktoren auf die Verbrennung flussiger Brennstoffe unter erhohtem Sauerstoffdruck
1962, 62 Seiten, 53 Abb., 10 Tabellen, DM 31,40

HEFT 1096
Dr.-Ing. Kamillo Komopicky und Dipl.-Chem. Emil Karl Kohler, Forschungsinstitut der Feuerfest-Industrie, Bonn
Die Veranderung der keramisch-technologischen Eigenschaften und des Mineralaufbaues verschiedener Tone beim Brennen
1962, 46 Seiten, 23 Abb., 3 Tabellen, DM 27,50

HEFT 1108
Prof. Dr. Dr. h. c. Hans Paul Kaufmann und Dr. Eugen Schmulling, Institut für Industrielle Fettforschung, Munster i. W.
Beitrage zur Chemie und Technologie der Fetthartung II
1962, 78 Seiten, 23 Abb., 37 Tabellen, DM 32,—

HEFT 1109
Prof. Dr. Dr. h. c. Hans Paul Kaufmann und Dr. Adelheid Tobschirbel, Institut fur Industrielle Fettforschung, Munster i. W.
Oxydative Veranderung von Fetten.
1962, 60 Seiten, 7 Abb., 10 Tabellen, DM 22,—

HEFT 1114
Dr. phil. Siegfried Eckhard und Dipl.-Phys. Walter Baum, Max-Planck-Institut fur Eisenforschung, Dusseldorf
Über ein physikalisches Verfahren zur Bestimmung des Wasserstoffs im Ternaren Gemisch mit Stickstoff und Kohlenmonoxyd.
1962, 64 Seiten, 31 Abb., DM 39,80

HEFT 1136
Prof. Dr.-Ing. Wilhelm Husmann, Emscher-Genossenschaft, Essen
Chemische und biologische Auswirkungen der Abwasserbelastung des Rheines und Feststellung der Minderung seiner Selbstreinigungskraft
In Vorbereitung

HEFT 1141
Prof. Dr. phil. Dr. rer. nat. h. c. Burckhardt Helferich, Chemisches Institut der Universitat Bonn
Arbeiten auf dem Gebiet der Sulfonsauren, insbesondere der ein- und mehrwertigen aliphatischen Sulfonsauren

HEFT 1142
Prof. Dr. C. Kroger, Institut fur Brennstoffchemie (Kohlechemie) der Technischen Hochschule Aachen
Eigenschaften von Hochvakuumteeren, Extrakten und Restkohlen sowie von Chlorierungs- und Sulfonierungsprodukten der Steinkohlen
In Vorbereitung

HEFT 1165
Dipl.-Ing. Dietrich George und Dr. rer. nat. Joachim Karweil, im Auftrage der Bergbau-Forschung GmbH, Essen
Herstellung eines reaktionsfahigen Steinkohlenkokses fur die Schwefelkohlenstoffgewinnung
In Vorbereitung

HEFT 1168
Dr. Max Friedrich, Forschungsstelle für Brandschutztechnik an der Technischen Hochschule Karlsruhe
Untersuchungen uber das Verhalten und die Wirkungsweise verschiedener Trockenloschmittel
In Vorbereitung

HEFT 1177
Prof. Dr. Joseph Holluta und Dipl.-Chem. Irmgard Brune, Karlsruhe
Untersuchungen uber die Mineralollast des Niederrheins und deren Herkunft
In Vorbereitung

HEFT 1184
Dr. rer. nat. Dipl.-Chem. Heinrich Stratmann, Forschungsinstitut fur Luftreinhaltung e. V., Essen
Freilandversuche zur Ermittlung von Schwefeldioxydwirkungen auf die Vegetation. II. Teil: Messung und Bewertung der SO^2-Immissionen
In Vorbereitung

HEFT 1187
Dr. rer. nat. Fritz Glaser und Dipl.-Chem. Gerd Collin, Institut fur chemische Technologie der Technischen Hochschule Aachen
Über rechnerische Methoden zur Feststellung wesentlicher Gleichgewichtswerte der chemischen Thermodynamik am Beispiel von organischen Stickstoffverbindungen
In Vorbereitung

HEFT 1188
Dr. rer. nat. Fritz Glaser und Dr. rer. nat. habil. Hans-Georg Schafer, Institut fur chemische Technologie der Technischen Hochschule Aachen
Über die Aufarbeitung von Ruckstanden aus der Altschmierolraffination

In Vorbereitung

HEFT 1206
Prof. Dr. Fritz Micheel, Dr. H. Schweppe, Dr. P. Albers, Dr. W. Schminke und Dr. W. Leifels, Organisch-chemisches Institut der Universitat Munster
Papierchromatographische Trennung hydrophober Substanzen mit Cellulose-Ester-Papieren

Prof. Dr. Fritz Micheel, Siegfried Thomas, Horst Haneke und Walter Meckstroth, Organisch-chemisches Institut der Universitat Munster
Ein neues Verfahren zur Peptid-Synthese

In Vorbereitung

HEFT 1207
Prof. Dr. Dr. h. c. Hans Paul Kaufmann und Dr. Horst Schnurbusch, Deutsches Institut fur Fettforschung, Munster
Die Umesterung von Fetten und Ölen

In Vorbereitung

HEFT 1208
K. Nollen und K. H. Reichert, Forschungsinstitut fur Pigmente und Lacke e. V., Stuttgart, Leiter: Prof. Dr. K. Hamann
Untersuchung uber die Einwirkung der verschiedenen Bewitterungseinflusse auf Anstrichfilme

In Vorbereitung

HEFT 1213
Dr. rer. nat. W. Fischer und Dr. rer. nat. L. Jaehn, Pruf- und Forschungsinstitut fur die Schuhherstellung, Pirmasens
Untersuchung der Beeinflussung der Adhasions- und Kohasionsenergie von Klebstoffen

In Vorbereitung

HEFT 1218
Prof. Dr.-Ing. Dr. rer. nat. h. c. Wilhelm Reerink, Dr. rer. nat. Kurt-Gunther Beck und Dr.-Ing. Wilhelm Weskamp, Steinkohlenbergbau-Verein, Essen
I. Die Versuchskokerei des Steinkohlenbergbau-Vereins
II. Der Einfluß der Heizzugtemperatur auf die Hochtemperaturverkokung im Horizontalkammerofen bei Schuttbetrieb

In Vorbereitung

HEFT 1219
Prof. Dr. Karl-Dietrich Gundermann, Dr. Roswitha Huchting, Dr. Gerhard Holtmann, Dr. Hans-Joachim Rose, Dr. Christian Burba und Dipl.-Chem. Helmut Schulze, Organisch-chemisches Institut der Universitat Munster
Untersuchungen an Iso- und Heterooyclen niedriger Ringgroße

In Vorbereitung

HEFT 1239
Dipl.-Geol. Dr.-Ing. Gert Michel, Geologisches Landesamt Nordrhein-Westfalen, Krefeld
Untersuchungen uber die Tiefenlage der Grenze Sußwasser—Salzwasser im nordlichen Rheinland und anschließenden Teilen Westfalens, zugleich ein Beitrag zur Hydrogeologie und Chemie des tiefen Grundwassers

In Vorbereitung

Ein Gesamtverzeichnis der Forschungsberichte, die folgende Gebiete umfassen, kann bei Bedarf vom Verlag angefordert werden:
Azetylen/Schweißtechnik – Arbeitswissenschaft – Bau/Steine/Erden – Bauwirtschaft – Bergbau – Biologie – Chemie – Eisenverarbeitende Industrie – Elektrotechnik/Optik – Energiewirtschaft – Fahrzeugbau/Gasmotoren – Farbe/Papier/Photographie – Fertigung – Funktechnik/Astronomie – Gaswirtschaft – Holzbearbeitung – Huttenwesen/Werkstoffkunde – Kunststoffe – Luftfahrt/Flugwissenschaften – Luftreinhaltung – Maschinenbau – Mathematik – Medizin/Pharmakologie/NE-Metalle – Physik – Rationalisierung – Schall/Ultraschall – Schiffahrt – Textiltechnik/Faserforschung/Waschereiforschung – Turbinen – Verkehr – Wirtschaftswissenschaft.

WESTDEUTSCHER VERLAG · KÖLN UND OPLADEN
567 Opladen/Rhld., Ophovener Straße 1-3

GPSR Compliance
The European Union's (EU) General Product Safety Regulation (GPSR) is a set of rules that requires consumer products to be safe and our obligations to ensure this.

If you have any concerns about our products, you can contact us on

ProductSafety@springernature.com

In case Publisher is established outside the EU, the EU authorized representative is:

Springer Nature Customer Service Center GmbH
Europaplatz 3
69115 Heidelberg, Germany

www.ingramcontent.com/pod-product-compliance
Ingram Content Group UK Ltd.
Pitfield, Milton Keynes, MK11 3LW, UK
UKHW061700190726
13853UKWH00008B/2312

* 9 7 8 3 6 6 3 0 6 1 7 5 5 *